上海市工程建设规范

优秀历史建筑外墙修缮技术标准

Technical standard for facade restoration of historic buildings

DG/TJ 08—2413—2023

J 16775—2023

主编单位：上海市建筑装饰工程集团有限公司
　　　　　上海市历史建筑保护事务中心
批准部门：上海市住房和城乡建设管理委员会
施行日期：2023 年 6 月 1 日

同济大学出版社

2023　上海

图书在版编目(CIP)数据

优秀历史建筑外墙修缮技术标准 / 上海市建筑装饰工程集团有限公司，上海市历史建筑保护事务中心主编. —上海：同济大学出版社，2023.9

ISBN 978-7-5765-0897-0

Ⅰ. ①优… Ⅱ. ①上…②上… Ⅲ. ①古建筑–修缮加固–上海–技术标准 Ⅳ. ①TU746.3-65

中国国家版本馆 CIP 数据核字(2023)第 154522 号

优秀历史建筑外墙修缮技术标准

上海市建筑装饰工程集团有限公司
上海市历史建筑保护事务中心 **主编**

责任编辑 朱 勇
责任校对 徐春莲
封面设计 陈益平

出版发行 同济大学出版社 www.tongjipress.com.cn
(地址：上海市四平路 1239 号 邮编：200092 电话：021-65985622)
经 销 全国各地新华书店
印 刷 浦江求真印务有限公司
开 本 889mm×1194mm 1/32
印 张 2.125
字 数 57 000
版 次 2023 年 9 月第 1 版
印 次 2023 年 9 月第 1 次印刷
书 号 ISBN 978-7-5765-0897-0
定 价 25.00 元

上海市住房和城乡建设管理委员会文件

沪建标定〔2023〕33号

上海市住房和城乡建设管理委员会
关于批准《优秀历史建筑外墙修缮技术标准》
为上海市工程建设规范的通知

各有关单位：

由上海市建筑装饰工程集团有限公司和上海市历史建筑保护事务中心主编的《优秀历史建筑外墙修缮技术标准》，经我委审核，现批准为上海市工程建设规范，统一编号为DG/TJ 08—2413—2023，自2023年6月1日起实施。

本标准由上海市住房和城乡建设管理委员会负责管理，上海市建筑装饰工程集团有限公司负责解释。

上海市住房和城乡建设管理委员会

2023年1月17日

前　言

根据上海市住房和城乡建设管理委员会《关于印发〈2020 年上海市工程建设规范编制计划〉的通知》(沪建标定〔2019〕752 号)的要求,由上海市建筑装饰工程集团有限公司和上海市历史建筑保护事务中心会同有关单位进行了广泛的调查研究,认真总结实践经验,参照国内外相关标准和规范,并在反复征求意见的基础上,制定本标准。

本标准的主要内容有:总则;术语;基本规定;材料和工具;检测与评估;修缮设计;修缮施工;验收。

各单位及相关人员在执行本标准过程中,请注意总结经验,并将意见和建议及时反馈给上海市房屋管理局(地址:上海市世博村路 300 号;邮编:200125),上海市建筑装饰工程集团有限公司(地址:上海市永和路 318 弄;邮编:200072;E-mail:81616965@qq.com),上海市建筑建材业市场管理总站(地址:上海市小木桥路 683 号;邮编:200032;E-mail:shgcbz@163.com),以供今后修订时参考。

主 编 单 位:上海市建筑装饰工程集团有限公司
上海市历史建筑保护事务中心

参 编 单 位:上海久事置业有限公司
上海建筑设计研究院有限公司
上海建筑装饰(集团)有限公司
上海市建筑科学研究院有限公司
上海建工四建集团有限公司
上海明悦建筑设计事务所有限公司
同济大学

主要起草人:蔡乐刚　李宜宏　连　珍　韦　晋　虞嘉盛
江旖旎　蔡建忠　邹　勋　冯　蕾　周南南
沈晓明　左　俊　谷志旺　张伟平　金　舟
陈中伟　施凯捷　谢弘元　许馨月　胡中杰
孙沈鹏　王　磊　崔　莹　欧阳煜

主要审查人:赵为民　林　驹　沈三新　顾陆忠　许一凡
戴仕炳　陈民生

上海市建筑建材业市场管理总站

目　次

Contents

1 总 则

1.0.1 为了进一步规范本市优秀历史建筑外墙修缮技术工作，提高外墙修缮工程的技术水平，特制定本标准。

1.0.2 本标准适用于本市行政区域内优秀历史建筑外墙的修缮工程，包括检测与评估、设计、施工和验收。

1.0.3 同时被列为各级文物保护单位或文物保护点的优秀历史建筑外墙修缮，除执行本标准外，尚应遵守国家和本市关于文物保护的法律和标准。

1.0.4 优秀历史建筑的外墙修缮，尚应遵守国家、行业和本市现行有关标准的规定。

2 术 语

2.0.1 优秀历史建筑 historic building

由上海市人民政府批准确定并公布，建成30年以上的，其建筑样式、施工工艺和工程技术具有建筑艺术特色和科学技术研究价值，或反映上海地域建筑历史文化特点，或为著名建筑师的代表作品，或与重要历史事件、革命运动或者著名人物有关的建筑，或在我国产业发展史上具有代表性的作坊、商铺、厂房和仓库，以及其他具有历史文化意义的历史建筑。

2.0.2 外墙修缮 facade restoration

为确保外墙饰面的安全，保持或恢复建筑物外墙装饰面及作为饰面使用的构件、花饰、线脚等装饰造型的完好状态，对建筑外墙进行干预的一种行为。

2.0.3 重点保护部位 key protected part

集中反映该优秀历史建筑的历史、科学和艺术价值以及完好程度的建筑环境、空间、部位和构件。根据历史考证和现场调查的不断深入，主管部门可以增加、调整相关保护要求。

2.0.4 现状保留 preservation of existing condition

对外墙饰面或装饰构件仅作表面清洗、整饬等工作。

2.0.5 现状修复 restoration of existing condition

对外墙饰面或装饰构件按现存外观进行修复。

2.0.6 原状恢复 reinstatement of historic condition

在历史依据充分的前提下，对外墙饰面或装饰构件按历史原状进行恢复。

2.0.7 查勘 investigation

房屋修缮之前，对房屋损坏部位、项目及程度进行检查、勘测，并确定修缮范围、方法和工程计量的工作。

2.0.8 清水砖墙 brick wall

砌体结构砌筑完成后，只需要进行砖面处理和勾缝即可作为装饰面层的砖墙。

2.0.9 面砖外墙 furring brick facade

贴在建筑物表面的饰面砖，包括光面砖、毛面砖等。

2.0.10 卵石外墙 pebble facade

采用由岩石经过自然条件作用而形成的表面光滑卵形颗粒，通过干粘等工艺形成的外墙饰面。也称鹅卵石外墙。

2.0.11 斩假石外墙 artificial stone facade

将水泥石屑浆涂抹在建筑物表面，在硬化后，用斩剁等工艺使其具有仿石肌理的饰面层。俗称“剁斧石”。

2.0.12 水刷石外墙 Shanghai plaster facade

用水泥、石子或颜料等加水拌合，抹在建筑物的表面，半凝固后，用毛刷蘸水刷去表面的水泥浆而使石子半露的仿石材质效果的饰面层。俗称“汰石子”。

2.0.13 水泥抹灰外墙 cementitious stucco facade

以水泥、石灰、砂为主要材料，搅拌后抹在建筑物表面作为饰面的外墙。

2.0.14 木构件 wood component

本标准中所说的木构件是指用于外墙装饰的明框外露木构件。

2.0.15 渗透增强 penetration enhancement

对于砖石材料表面劣化部位，采用硅酸乙酯类材料，通过流涂、浸涂、点滴、注射或真空压缩等工艺，在不改变外墙材料颜色和光泽的前提下，增加材料的强度。

3 基本规定

3.0.1 优秀历史建筑外墙修缮应符合历史风貌区保护规划、优秀历史建筑保护技术规定等相关法规的要求。

3.0.2 优秀历史建筑外墙修缮应遵循真实性、完整性、最小干预和可识别性的原则。

3.0.3 优秀历史建筑的外墙修缮，应消除安全隐患，维护或恢复历史风貌。

3.0.4 优秀历史建筑外墙的抢险加固应先确保危险区域安全，再根据外墙饰面材料、损伤成因及实际情况确定可逆的抢险加固技术措施。

3.0.5 优秀历史建筑外墙修缮在满足安全性、耐久性和保护要求的前提下，可应用成熟可靠的新技术。

3.0.6 优秀历史建筑外墙应定期进行检查（检测），其周期应根据建筑的使用环境、已使用年限、建筑类型、饰面材料以及保护要求等确定。

4 材料和工具

4.1 一般规定

4.1.1 外墙修缮前，宜对修缮原材料进行基本性能分析，了解和评估原材料的特征，以确定合适的修缮材料。

4.1.2 外墙修缮所使用的材料品种、规格应与原外墙相匹配。

4.1.3 外墙修缮所使用的材料和工艺应制作小样，确认颜色、材质、肌理等与历史原状一致或相似。

4.2 材　料

4.2.1 外墙修缮采用的水泥宜为低碱类硅酸盐水泥，颜色应与原水泥接近。

4.2.2 外墙修缮使用的金属连接件应采用不易生锈的材料。

4.2.3 清水砖外墙修缮使用材料应符合下列规定：

　　1 修复所使用的砖片可采用现场原砖块加工而成。若必须定制，其选用材料的成分、颜色、质感和强度应与原砖块相近。

　　2 修缮所使用的砖块尺寸应与原清水砖墙一致。

　　3 勾缝材料的颜色、形式应与原材料、原工艺一致。

4.2.4 面砖外墙修缮前应对原面砖的尺寸、形状、材质、质地、肌理等进行分析。

4.2.5 卵石外墙、水刷石外墙修缮所选用的石子大小、颜色、形状及配比应与原始材料一致或类似。石子使用前应用清水洗净晾干，防止被污染。

4.2.6 斩假石外墙修缮所选用的石屑应有棱角、颗粒坚硬，不含泥土、软片、碱质及其他有害有机物等，使用前应用清水洗净晾干，防止被污染。

4.2.7 用于石材裂缝或孔洞修补的材料应具备微膨胀性。

4.2.8 抹灰工程所掺颜料宜选用耐碱、耐光的矿物颜料，并与水泥一次搅拌均匀。

4.2.9 木构件修缮使用材料应符合下列规定：

1 修复木构件的粘结剂材料，应具备耐水性和耐久性。

2 置换或修复木构件，宜选用与原木材材质相同的品种，应控制含水率，避免斜纹翘曲、木节等缺陷，并进行防白蚁处理。

3 木构件涂饰保护层应具有良好的防水性、透气性、抗紫外线性能。

4.3 工 具

4.3.1 外墙检测及施工中所使用的检测、计量工具应在合格标定期内，并应定期校准。

4.3.2 外墙清洗宜采用喷壶、电动喷壶、水枪等专业清洗设备。

4.3.3 去除埋入墙内的铁件宜使用专业取芯设备，防止对墙体造成新的损坏。

4.3.4 清水砖墙修缮应采用开刀、嵌缝工具等专用工具，特定情况下可采用切割、打磨等电动工具。

4.3.5 斩假石墙面修缮应使用与墙面纹理匹配的斩剁工具。

4.3.6 斩假石、水刷石的阳角应使用阳角铁板或抽角器进行处理。

4.3.7 抹灰饰面修缮时，应根据不同饰面的类型，采用鬃毛刷、阴阳角铁板、木蟹等抹灰工具。

5 检测与评估

5.1 一般规定

5.1.1 外墙修缮前应对外墙进行查勘、检测与评估，作为修缮的主要技术依据。

5.1.2 外墙检测应遵循最小干预原则，宜采用无损、微损或半破损检测方法。破损检测后应对破损部位及时采用可逆性材料修补。

5.1.3 外墙检测范围与内容应满足后续修缮的技术要求，检测数据应详实可靠。受现场检测条件制约时，可与参与修缮单位协商后进行补充检测。

5.1.4 外墙检测宜将每片墙体作为一个检测单元。

5.2 现场检测与调查

5.2.1 现场检测前应充分收集建筑原设计、改造等相关资料，在调查房屋使用及历次修缮信息的基础上，梳理清楚建筑外墙装饰的演变情况。

5.2.2 现场检测前应调查优秀历史建筑的保护批次、保护类别、保护要求及保护范围，制订合理的检测技术方案。

5.2.3 外墙检测应根据安全、可靠、真实、合理原则，从历史文化、科学技术、艺术特色等角度对历史建筑进行价值评估；同时应进行建筑周边环境现场调查，分析评估周边环境对建筑保护的影响。

5.2.4 现场检测应鉴别外墙建筑风格，记录立面及特色部位信息，数据采集应反映立面实际情况。

5.2.5 现场检测应包括外墙与结构系统连接、外墙饰面与基层连接等关键部位。

5.2.6 现场检测应通过化学及物理实验等手段检测外墙材料的种类、比例成分、颗粒尺寸等。

5.2.7 在确保墙身结构及基层安全可靠的前提下，应采用可靠技术查明外墙饰面损伤及病害的范围、程度、占比及原因等。外墙饰面损伤及病害检测要求可按表5.2.7的规定执行。

表5.2.7 优秀历史建筑外墙饰面损伤及病害检测要求

项目	常见损伤或病害状况	检测指标要求	检测手段
清水砖墙	砖块风化、污渍、泛碱、渗水、生物病害、破损、开裂、砂浆勾缝缺失等	1. 砖块风化应检测风化深度、位置及面积； 2. 污渍、泛碱及渗水等应准确记录损伤位置及范围； 3. 墙面裂缝应记录裂缝走向、长度、宽度等信息； 4. 生物病害应检测影响程度、位置及面积等； 5. 砂浆勾缝缺失应准确记录损伤位置及范围	目测、钢尺测量、裂缝对比卡测量等
面砖外墙	面砖空鼓、脱落及开裂、泛碱及渗水、粘结砂浆缺失等	1. 面砖空鼓、脱落及开裂应明确位置、面积及规律，统计各检测单元对应面砖空鼓率及破损率； 2. 面砖污渍、泛碱及渗水等应准确记录病害位置及范围等； 3. 在典型部位拉拔检测面砖粘结情况，明确是面壳还是底壳； 4. 粘结砂浆缺失应准确记录损伤位置及范围等	目测、钢尺测量、裂缝对比卡测量、无人机+红外热像拍摄、人工敲击、现场拉拔试验等
卵石外墙	空鼓、破损或开裂、卵石脱落、渗水、污渍等	1. 空鼓或破损应明确位置、面积及规律，统计各检测单元对应面层空鼓率及破损率； 2. 污渍及渗水等应准确记录病害位置及范围等； 3. 卵石脱落应明确位置、程度和范围	目测、钢尺测量、裂缝对比卡测量、无人机+红外热像拍摄、人工敲击等

续表5.2.7

项目	常见损伤或病害状况	检测指标要求	检测手段
斩假石外墙	斩假石饰面空鼓、开裂或破损、渗水、污渍等	1. 应查明基层、斩假石饰面构造措施及施工工艺； 2. 斩假石空鼓、脱落及开裂应明确位置、面积及规律，统计各检测单元对应饰面空鼓率及破损率； 3. 斩假石污渍及渗水等应准确记录病害位置及范围等	目测、钢尺测量、裂缝对比卡测量、无人机+红外热像拍摄、人工敲击等
水刷石外墙	水刷石饰面空鼓、开裂或破损、渗水、污渍等	1. 应查明基层、水刷石饰面构造措施及施工工艺； 2. 水刷石空鼓、脱落及开裂应明确位置、面积及规律，统计各检测单元对应饰面空鼓率及破损率； 3. 污渍及渗水等应准确记录病害位置及范围等	目测、钢尺测量、裂缝对比卡测量、无人机+红外热像拍摄、人工敲击等
石材外墙	石材饰面空鼓、开裂或破损、位移、渗水、污渍、砂浆勾缝缺失等	1. 应查明基层、石材饰面构造措施及施工工艺；较厚的石材饰面多为堆砌式（与外墙间多采用锚筋连接），尚应调查基础形式及传力路径； 2. 石材空鼓、脱落及开裂应明确位置、面积及规律，统计各检测单元对应饰面空鼓率及破损率； 3. 污渍及渗水等应准确记录病害位置及范围等； 4. 石材饰面粘结可靠性检测； 5. 砂浆勾缝缺失应准确记录损伤位置及范围等	目测、钢尺测量、裂缝对比卡测量、无人机+红外热像拍摄、全站仪、人工敲击等
水泥抹灰外墙	水泥抹灰饰面空鼓、开裂或破损、渗水、污渍等	1. 应查明基层、抹灰饰面构造措施及施工工艺； 2. 饰面空鼓、脱落及开裂应明确位置、面积及规律，统计各检测单元对应饰面空鼓率及破损率； 3. 污渍及渗水等应准确记录病害位置及范围等； 4. 抹灰饰面粘结可靠性检测	目测、钢尺测量、裂缝对比卡测量、无人机+红外热像拍摄、人工敲击等

续表5.2.7

项目	常见损伤或病害状况	检测指标要求	检测手段
木构件	木构件开裂、变形、腐朽、蚁蛀、污渍等	1. 应调查木构件的树种、截面尺寸等信息； 2. 应明确木构件开裂、变形、腐朽、虫蛀、污渍等位置及范围等	目测、钢尺测量、裂缝对比卡测量、阻抗法、皮罗钉法、内窥镜探查等

5.2.8 外墙检测时应对墙面特色花饰及造型、附属构件等材料工艺、构造连接措施、损伤状况、与外墙连接可靠性进行调查。

5.2.9 外墙结构及饰面材料的化学组分（含水溶盐类型及含量）、物理及力学性能应通过现场检测或现场取样后送实验室测试获得，应以无损或微损测试方法为主，不应对保护部位造成不可逆的损毁或破坏外墙结构体系。外墙饰面材料化学组分、物理及力学性能检测要求可按表5.2.9的规定执行。

表5.2.9 优秀历史建筑外墙饰面材料化学组分、物理及力学性能检测要求

项目	检测技术指标	检测手段
面砖外墙	化学组分、密度、抗弯及抗剪强度、饱和吸水率等	现场取样后通过实验室测试
斩假石、水刷石外墙	化学组分、水刷石材料配比、饱和吸水率等	现场取样后通过实验室测试
石材外墙	化学组分、抗弯强度、抗剪强度、抗压强度、饱和吸水率等	现场取样后通过实验室测试
木构件	含水率、密度、抗弯强度、抗压强度及抗剪强度等	1. 原位试验及现场取样后通过实验室测试； 2. 经验法：现场辨别树种并检测损伤状况，无结构性损伤可继续使用
粘结材料层	化学组分、抗拉强度	1. 条件具备时，可采用拉拔试验法测量抗拉强度； 2. 通过目测或人工敲击法判断粘结层工作状态

5.3 检测分析与评估

5.3.1 外墙现状评估应按外墙损伤类型和损伤程度，分别评定每个检测单元的完损等级，不同完损等级应符合表5.3.1的规定。

表5.3.1 外墙现状评估等级划定

完损等级	损伤程度
基本完好	饰面与外墙间粘结或连接安全可靠、整体无明显损伤状况，仅需维护保养
一般损坏	仅存在影响美观或表层损伤，但饰面与房屋主体间粘结或连接基本安全可靠，需维修保养
局部严重损坏	局部小面积存在空鼓、开裂、风化等影响饰面安全性的损伤，需及时局部维修或加固
严重损坏	饰面存在空鼓、开裂、风化等影响饰面安全性的损伤面积超过检测单元饰面总面积的15%，需及时全面彻底修复或替换

5.3.2 应明确每个检测单元损伤范围及修复方向，检测结论及修复建议应科学合理。饰面有高空坠物风险时，应立即通知各方采取应急措施。

5.3.3 应建立外墙定期巡察或检测制度，应采取有效措施避免外墙高空坠物风险。

6 修缮设计

6.1 一般规定

6.1.1 外墙修缮设计应以检测评估报告为依据。

6.1.2 外墙修缮设计应明确修缮范围、修缮原则、修缮目标、重点保护部位、外墙各部位的具体修缮技术要求、对后期改建或添加物的处置措施等。

6.1.3 外墙修缮设计应详尽调查建筑的历史沿革，考证各时期的外墙变迁，搜集整理始建、使用、历次修缮与改扩建的图文影像资料等。

6.1.4 外墙修缮设计应根据检测评估报告和历史资料，对建筑外墙作现状核查，主要包括下列内容：

1 建筑外墙饰面（含基层）的材料与工艺。

2 建筑外墙饰面材料的覆盖、风化、空鼓、开裂、破损、污渍、生物病害、后期使用时留存的孔洞及残存物等。

3 建筑外墙装饰构件的覆盖、损伤、缺失、连接节点的安全状况等。

4 外墙损伤的成因。

6.1.5 外墙修缮设计应做价值评估，包括历史价值、艺术价值、科学价值等。

6.1.6 外墙修缮设计应根据保护要求、检测评估报告、现状核查结果，经价值评估后细化确定外墙重点保护部位。

6.1.7 外墙修缮设计应根据价值评估、现状完损性评估、历史资料等综合确定修缮范围内各部位的修缮目标，包括现状保留、现状修复或原状恢复。

6.1.8 外墙修缮设计文件的内容和深度应按照优秀历史建筑保护修缮相关规范的要求进行编制，应包含历史考证分析、现状完损情况说明、立面修缮设计图、修缮技术措施及必要的构造节点详图等图文结合的内容。

6.2 设计原则与设计要求

6.2.1 外墙修缮设计应对表 5.3.1 划定的"一般损坏""局部严重损坏"或"严重损坏"的外墙提出具体的修缮技术措施，排除安全隐患。针对"局部严重损坏"的外墙，尚应对损伤部位周边的外墙提出保护措施，并加强施工过程中的监测。

6.2.2 外墙修缮设计应科学、合理地评价各时期的外墙信息，对原状应予以保护修缮，不应变更或覆盖；对不影响建筑整体价值的历次修缮或改扩建可予以保留；对建筑整体价值形成负面影响或产生安全隐患的后期改建及添加物应予去除，且应在历史证据充分的前提下，进行原状恢复。

6.2.3 经价值评估可予保留或确有困难暂无条件去除的后期改建及添加物，其修缮设计应遵循协调性和可识别性原则。

6.2.4 外墙修缮设计应明确无保留价值且需拆除的后期改建及添加物，或需临时卸解的保护构件，并提出针对性的拆除或卸解要求及方案。

6.2.5 保护构件进行临时卸解时，应做好编号、图文影像记载等，确保其安全、完整并能原物、原位复原。

6.2.6 拆除或卸解宜优先采用手工的方式，不宜大规模采用机械工具操作，并应确保建筑结构及保护部位的安全，避免对外墙的二次伤害。

6.2.7 外墙修缮设计应根据外墙饰面及后期覆盖物的类型特性，明确清洗范围以及安全、有效、温和的清洗要求，并提出清洗废液的收集处理等环保要求。

6.2.8 外墙清洗应谨慎处理，保留历史建筑的年代感。

6.2.9 外墙清洗时，对与重大历史事件或重要历史人物有关且具保护价值的历史印迹或覆盖物，应予妥善保护、保留。

6.2.10 外墙清洗时，如发现新的保护对象，应及时考证、核查，并予妥善保护修缮。

6.2.11 外墙修缮设计应根据外墙损伤的成因，提出针对性的修缮技术要求，以提升外墙的安全性和耐久性。

6.2.12 外墙修缮设计应明确外墙所采用的修缮工艺、修缮材料及其尺寸、颜色、质感、材性、配比等，且应与外墙历史原状保持一致或协调。

6.2.13 清水砖墙、石材、面砖等外墙修缮设计应明确勾缝的形式、颜色、材料、尺寸等，且应与外墙历史原状保持一致或协调。

6.2.14 外墙修缮设计应明确装饰构件所采用的修缮方法及其部位、样式、尺寸、数量、材料、颜色、质感、构造等要求，应与装饰构件历史原状保持一致或协调。

6.2.15 外墙修缮设计应确保装饰构件的安全性。对有安全隐患的历史构件，应提出防止其松脱、坠落的针对性保护措施；对原状恢复的构件，应提出安全、可靠的安装措施。

6.2.16 现状保留、现状修复的外墙饰面和装饰构件应延续其年代感；原状恢复的外墙饰面和装饰构件宜遵循协调性及可识别性原则。

6.2.17 外墙修缮设计在满足保护要求、不影响其观感和价值的前提下，可作必要的构造、材性的改善提升。

6.2.18 当外墙新增安全构件时，应采用可逆的技术措施，并与外墙饰面或装饰构件协调。

6.2.19 外墙各修缮部位的清洗、修缮，均应现场试样，待设计单位确认后，方可进行施工。

6.2.20 外墙应急抢险时，所采用的技术措施不应破坏重点保护部位，在保证安全的前提下，应遵循最小干预原则与可逆性原则。

6.2.21 外墙应急抢险时，应注重时效性，所采用的技术措施宜便于修缮施工。

6.3 设计技术要点

6.3.1 外墙清洗采用化学清洗剂时，应选择与历史饰面材料不发生化学反应的清洗剂。

6.3.2 外墙清洗采用水洗法时，冲洗压力应经试验确定，避免对外墙保护部位造成二次破坏。

6.3.3 修缮清水砖墙时，墙面轻度损坏缺损、表面风化深度小于5 mm的，宜作表面增强处理；墙面破损或风化深度为5 mm～20 mm的，可采用同色胶凝砖粉修补；墙面严重缺损或风化深度大于20 mm的，宜采用相同模数的老黏土砖进行挖补、镶补。

6.3.4 砖缝密实时，宜保留；砖缝酥松时，应对损伤的砖缝进行凿除，清缝后重新勾缝。修补清水砖墙勾缝时，应采用石灰基勾缝材料，不应采用水泥砂浆。

6.3.5 修缮清水砖墙时，不得采用水泥砂浆或砖粉满批，大面积覆盖原有砖面。

6.3.6 当清水砖表面风化严重时，应采取措施降低水溶性盐分后采用增强剂对外墙进行整体增强处理，且增强剂用量必须达到未风化层。

6.3.7 修缮面砖外墙时，应符合下列要求：

1 表面轻度风化或破损，如不影响观感，可采用材料增强处理，保证其耐久性；如影响观感，则可采用挖补、镶补等方法修补。

2 基层空鼓，空鼓面积在0.1 m^2以内且没有出现膨胀、移位和脱落危险的，可不做凿除处理，可采用无机胶凝材料灌浆；空鼓面积大于或等于0.1 m^2且没有出现膨胀、移位和脱落危险的，可采用锚固螺栓法加固；空鼓区出现膨胀、移位和脱落的，应凿除重做。

6.3.8 修缮石材外墙时，应符合下列要求：

1 表面少量裂缝或有钉孔、缺角，无松动现象，可用同质、同色石屑砂浆修补。

2 表面轻度风化或破损，如不影响观感，可采用材料增强处理，保证其耐久性；如影响观感，则可采用挖补、镶补等方法修补。

3 当采用换补方法修缮时，应深化设计其连接措施，确保连接安全可靠。

6.3.9 修缮抹灰外墙时，应符合下列要求：

1 面层酥松、剥落，但基层强度和整体性较好，宜凿除损伤面层，局部修补。

2 基层起壳，无裂缝，起壳面积在 0.1 m^2 以内的，可不予修缮；基层砂浆酥松，或起壳面积大于或等于 0.1 m^2 的，或起壳同时有裂缝的，应凿除重做。

3 面层起壳，起壳面积大于或等于 0.1 m^2 的，应凿除重做；面层无起壳现象，裂缝宽度在 0.3 mm 以下的，宜进行表面嵌缝处理。

4 檐口、阳台等易发生坠落情况的挑空部位，凡出现起壳、空鼓，应及时予修缮，排除安全隐患。

6.3.10 修缮水泥抹灰外墙时，修缮设计应明确水泥抹灰外墙饰面的类型及纹理，且应与外墙历史原状保持一致或协调。

6.3.11 修缮卵石外墙、水刷石外墙时，修缮设计应明确石子的类型、粒径、颗粒级配、颜色以及面层的材料、颜色。宜采用剥除、掉落的原有卵石及石子。

6.3.12 修缮斩假石外墙时，修缮设计应明确其颜色、材料、表面斩剁纹理，斩剁纹理应与外墙历史原状保持一致或协调。

6.3.13 修缮木构件时，应符合下列要求：

1 局部腐朽、破损时，应采用相同或相近木材进行修补；损伤严重或缺失时，应按原材料原形制进行原状恢复。

2 连接处松动变形时，应进行节点加固补强。

3　木构件在保持原有观感的前提下，应采取适当的防腐、防蛀处理措施。

6.3.14　花饰与线脚发生严重破损时，应铲除基层，重做饰面。优先采用原位原工艺修缮；确有困难时，可采用预制安装，应确保连接牢固。

7 修缮施工

7.1 一般规定

7.1.1 外墙修缮施工应遵循最小干预原则，保留具有科学技术研究价值的遗存。

7.1.2 外墙修缮施工前，应依据设计图纸及技术要求对外墙损坏程度进行全面、详细的复核和必要的补充查勘。

7.1.3 外墙修缮施工前，应核查外墙使用材料的组分、配比、外观和工艺等。

7.1.4 依据外墙核查结果，应选择合适的材料和施工工艺进行样板的制作。

7.1.5 外墙修缮施工中，若发现外墙现状与设计方案不符或基层出现异常情况，应及时通知设计单位。

7.1.6 外墙清洗要求应符合现行行业标准《建筑外墙清洗维护技术规程》JGJ 168 和现行上海市工程建设规范《优秀历史建筑保护修缮技术规程》DG/TJ 08—108 的相关规定。

7.1.7 处理外墙基层时，应将墙面上残存的砂浆灰剔除干净，污垢、灰尘等清理干净。

7.1.8 外墙废弃的外露铁件不应损坏墙面强行取出。

7.2 清水砖墙

7.2.1 清理砖缝时，宜采用人工方式或砖缝清理专用工具设备，但不得损坏墙体砖面。

7.2.2 清水砖墙表面的泛碱现象可采用敷贴法进行排盐处理。

7.2.3 清水砖墙修复前宜检测砖的风化程度，必要时使用增强剂对清水砖墙面进行增强处理。

7.2.4 采用砖粉修缮时，应根据气候情况，控制好砖粉料的干湿度。

7.2.5 采用砖片修补时，砖片宜采用同规格的旧砖切割而成，并保留表皮层。

7.2.6 砖片粘结材料宜采用低碱类水泥或石灰基砂浆。

7.2.7 采用挖补、镶补修缮时，应先手工凿除待抽挖补、镶补块四周的灰缝，再拆除砖面严重损坏的砖块。

7.2.8 挖补、镶补修缮时，砖块的顶面灰应在砖块嵌入完成后，用泥刀填灰并插捣密实。

7.2.9 砖拱券挖补、镶补修缮时，应在拱券下侧采用可靠的临时支撑。

7.2.10 清水砖墙修缮时，底缝应进行找平，深度应根据面缝的形式来确定。

7.2.11 清水砖墙面缝的勾缝应由上而下，先勾水平横缝，后勾垂直竖缝。

7.3 面砖外墙

7.3.1 面砖基层的空鼓应根据设计要求进行复核，区分不同的基层。

7.3.2 采用锚固螺栓法加固时，修缮范围应比实际起壳范围扩大 100 mm～300 mm，钻孔宜在面砖间隙勾缝处交叉进行。

7.3.3 面砖凿除时，不得损伤周边保存完好的面砖。

7.3.4 面砖勾缝宜分层进行，先勾水平横缝，后勾垂直竖缝。

7.4 卵石外墙

7.4.1 底层灰应根据不同基层，采用相应的材料配比，并分层抹平。

7.4.2 抹面层灰时，应先抹中间，再抹分格条四周，并随抹随甩卵石。

7.4.3 卵石修缮应采用干粘法或水洗法，当遇特别情况需要采用网格布粘贴法时，应经过专门认证。

7.4.4 重做的卵石墙面应与原墙面交界处和顺平整，卵石配比应与原墙面保持一致。

7.4.5 采用甩卵石工艺时，甩板应与墙面保持垂直，甩时用力均匀。

7.4.6 拍平、修整应先边缘后中间，拍压应轻重结合、均匀一致，一般只拍一遍。

7.4.7 修补完成的卵石墙面应及时清理残余水泥浆。

7.5 斩假石外墙

7.5.1 斩假石凿除应使用小钢凿和榔头，宜凿除至分格线或阴角处，凿除后基层面保持基本平整。

7.5.2 斩假石底层灰抹好后应在表面做划毛处理。

7.5.3 斩假石墙面分格缝、滴水槽灰缝的修补宜采用原材料、原形式。

7.5.4 斩剁应按自上而下、先四周后中间进行。

7.5.5 斩剁宜先轻剁一遍，再顺着前一遍的剁纹剁出深痕。

7.5.6 柱子、墙角边棱斩剁时，应先横剁出边缘横斩纹。剁边缘时，应使用锐利的小剁斧轻剁。

7.5.7 分格条拆除后，应用与斩假石墙面一致材料勾缝。

7.6 水刷石外墙

7.6.1 水刷石凿除应使用小钢凿和榔头，宜凿除至分格线或阴角处，凿除后基层面保持基本平整。

7.6.2 水刷石底层灰抹好后应在表面做划毛处理。

7.6.3 水刷石墙面分格缝、滴水槽灰缝的修补应采用原材料、原形式。

7.6.4 分格弹线应与原墙面分仓尺寸一致。分格条宜用素水泥砂浆粘贴，两侧抹成八字坡形。

7.6.5 抹石子面层前应先用水湿润粉刷层，刷水泥浆后粉上石子。

7.6.6 待石子浆面层初凝时，应自上而下水洗面层水泥浆。

7.6.7 水刷石墙面水洗时，宜对修缮区域下方及两侧设置保护措施。

7.7 石材外墙

7.7.1 敷贴法清洗石材，应根据污染成因选择敷贴清洗材料，分层敷贴清洗，并控制敷贴时间，敷后应及时冲洗墙面，不得出现泛黄、变色、疏松等现象。

7.7.2 化学法清洗石材时，应根据污染物成因选择相应的化学洗涤剂，清洗中不得对石材造成腐蚀污染，清洗完成后应及时清除表面残余试剂。

7.7.3 采用注浆修缮石材基层空鼓时，注浆孔宜设置在接缝处，注浆材料强度应根据粘结层强度选择树脂浆液，并用与原石材相近石屑砂浆封注浆孔，待孔眼干硬后，清洗墙面。

7.7.4 石材缺损修复应采用同质石粉添加无机粘合剂修补，材料强度不得高于风化后原石材。石粉应分批或分层嵌补，嵌补前应清除破损面表层风化，嵌补后应采用砂纸打磨平整，再作面层处理。

7.7.5 石材换补修缮时，应选用与外墙原石材一致的材料，必要时增设石材与基层连接措施。石材拼接拼缝应与原饰面一致。

7.7.6 石材拼缝老化、损坏严重时，应手工凿除老化填缝料，深度不得小于 20 mm；拼缝宜分层修补，先防水层嵌缝，再面层勾缝，嵌缝应均匀、饱满、密实；拼缝修补材料宜与原材质一致，应具有一定的延展度和防水性能。

7.8 水泥抹灰外墙

7.8.1 铲除重抹修缮时，宜采用机械切割与人工凿除相结合的方式，且应控制对周围饰面的影响程度；铲除范围应考虑面层的修补和新旧界面搭接，确保粘结牢固。

7.8.2 基层铲除重抹时，应先清理残余砂浆、灰尘、污垢和油渍，墙面充分淋水并涂抹界面剂增加与墙体粘合力；应控制基层厚度，并与周边基层抹平一致。

7.8.3 面层铲除重抹时，应先对基层面凿毛处理，并控制好抹灰厚度和界面干湿度，严禁一次抹灰成型。

7.8.4 面层局部修补时，接缝应平整、紧密，分界面方正平直，接缝宜设在墙面的引线、阴角和线脚凹口处。

7.8.5 拉毛抹灰修缮时，应确保基层平整、粘结牢固、接缝紧密，并控制好拉毛砂浆配合比、硬鬃刷拉毛力度和方向，确保新旧色泽协调，抹灰纹理一致。

7.8.6 压毛抹灰修缮时，应根据温度情况选择合理的压毛时间，控制好压毛力度，保证纹理丝流一致，墙面平整。

7.8.7 刮毛抹灰修缮时，基层面应平整密实、不起壳、无裂缝，纹理丝流应分布均匀，大小应一致。

7.8.8 抹灰修缮后，应及时喷水养护保持饰面湿润；可采用喷壶等工具进行养护，养护时间不得少于 72 h。

7.9 木构件

7.9.1 修复木材应与原构件材质相同或相近，并应符合相关规范要求；修复木构件所用粘结剂，其耐水性和耐久性应与木构件用途和使用年限相适应。

7.9.2 木构件部分残缺腐烂时，应采用相近木材进行嵌补修复；损坏严重或缺失时，应按原形制进行置换；连接节点松动变形时，应进行节点加固补强，不得改变木构件原式样。

7.9.3 修缮后木构件应采取必要的防腐、防蛀、防潮处理，所用铁件应做防锈处理。

7.9.4 木构件涂饰表面层发生局部褪色、开裂、起泡、起皮损坏时，可局部修补；涂饰基层腻子发生起鼓、酥松、粉化、面层老化等严重损坏时，应脱漆重做。

7.9.5 涂饰层修缮前，应将损坏饰面清除干净，并清除木质基层灰尘、污垢，不得损伤原有木构件；表面钉眼、缝隙、毛刺、脂囊应采用腻子填补磨光，节疤、松脂部位应封闭处理。

7.9.6 涂饰层施涂时，不得漏刷，不得出现斑迹、表面流挂、棕眼、脱皮、皱皮等现象，表面应平整光洁、色泽一致、无刷纹；涂饰材料应环保无污染，且不得与木材发生有害化学反应。

7.10 花饰与线脚

7.10.1 修缮前，应对花饰与线脚形制、材质、损伤部位进行勘察，结合设计方案确定修缮方法。

7.10.2 花饰与线脚饰面发生局部损坏时，应铲除损坏饰面，清洗基层，保证粘结面整洁，采用与原式样相同的材料进行修补复原。

7.10.3 采用原位修补时，饰面纹理应清晰，色泽应与周边相协调，无明显色差。

7.10.4 采用安装预制饰面修复时，饰面应设置可靠的连接件，同时不得损坏外立面原有构造层。

8 验 收

8.1 一般规定

8.1.1 外墙修缮工程的验收应以设计要求为依据，重点检查是否满足本标准第3.0.2条的要求。

8.1.2 验收一般分为两个阶段，验收方式以目测观察为主。

1 落架前验收，现场确认外部重点保护部位修缮与建筑原貌的协调程度。

2 符合性评估，通过现场检查共同认可修缮工程的感观效果。

8.1.3 验收时应检查下列文件和记录：

1 落架前验收时的隐蔽工程资料。

2 符合性评估时的完整施工资料。

8.1.4 业主或业主委托的物业管理企业应将优秀历史建筑相关的质量技术验收资料整理成册并进行归档，编制修缮工程报告书，同时上报主管部门。

8.2 清水砖墙

8.2.1 修复后的清水砖墙面应整洁，色泽协调；砖面应基本平整，边角顺直，完整；勾缝应自然和顺，不毛糙，交接处深浅、颜色、形式一致。

8.2.2 修复后的清水砖墙面无掉粉、泛碱、反光等因修缮不当而引起的现象。

8.3 面砖外墙

8.3.1 修复后的外墙饰面砖不应存在具有安全隐患的裂纹、缺损;补配的饰面砖应与原砖的材质、肌理、釉面、颜色、图案、性能接近,砖面不沾污;勾缝应牢固饱满及平顺不毛糙。

8.3.2 修复后的外墙饰面砖表面应平整、清洁、色泽均匀;勾缝应横平竖直,深度、宽度与原砖一致。

8.4 卵石外墙

8.4.1 修复时补配的卵石粒径、形状、颜色、肌理、嵌入墙体的深度、疏密度应与原墙面一致;水泥粉刷牢固。

8.4.2 修复后的卵石墙表面应清洁、色泽协调、不露浆、不漏粘;石粒应粘结牢固,分布均匀,阳角处无黑边;勾缝平顺,色泽均匀。

8.5 斩假石外墙

8.5.1 修复后的外墙表面剁纹应均匀顺直、深浅一致,无漏剁、乱纹,阳角处应横剁并留出宽窄一致的不剁边条,棱角应无损坏。

8.5.2 修复后的外墙表面应清洁、色泽协调,修补处与原墙面保持平整。

8.6 水刷石外墙

8.6.1 修复时的石子粒径、形状、颜色、配比、疏密度整体、水泥色感配比等应符合设计要求,且与验收确认样板面色感一致。

8.6.2 修复后的水刷石面整体应清洁,色感与修复保留的原水刷石相协调,新旧水刷石面应整体平整。水刷石应整体无接缝痕迹,应牢固。

8.7 石材外墙

8.7.1 修复时石材的材质、纹理、颜色配比等应符合设计要求，且与验收确认样板面色感一致。

8.7.2 勾缝应牢固、不毛糙、饱满。

8.7.3 修复后的石材墙面整体应清洁，色泽与修复保留的原石材墙面应相协调，新旧石材墙面应整体平整。

8.8 水泥抹灰外墙

8.8.1 修复后的装饰抹灰面应不掉粉、不起皮、不漏刷。修复采用的装饰抹灰其底层及面层的成分、颜色、质感、物理性能、透水汽性能应符合设计要求，且与验收确认样板面一致。

8.8.2 修复后的装饰抹灰应清洁，其色感、肌理与整体平整度应与修复保留的原装饰抹灰面层相协调。

8.9 木构件

8.9.1 木构件应无腐朽、无虫蛀。

8.9.2 木构件修复、加固所用的材料和方式应保持与原木构件一致。原木构件表面老化、脱漆处宜进行油漆保养；如有条件，则可进行必要的防水、防腐和防火处理。

8.9.3 修复后的木构件应保护构件整体整洁、漆面平整。

8.9.4 重点检查木构件与墙面交接收口处的防水修复。

8.10 花饰与线脚

8.10.1 修复后的雕饰构件应远观具有完整性，近观具有可识别性。

8.10.2　修复后的雕饰构件应清洁，修复部位的色感、肌理与修复保留的原雕饰构件部位相协调。

8.10.3　修复后的线脚应与原线脚形式、材质一致，交接部位应平整光滑，修复的线脚与原线脚应远观具有完整性，近观具有可识别性。

本标准用词说明

1 为便于在执行本标准条文时区别对待，对要求严格程度不同的用词说明如下：

1） 表示很严格，非这样做不可的用词：
正面词采用“必须”；
反面词采用“严禁”。

2） 表示严格，在正常情况下均应这样做的用词：
正面词采用“应”；
反面词采用“不应”或“不得”。

3） 表示允许稍有选择，在条件许可时首先应这样做的用词：
正面词采用“宜”；
反面词采用“不宜”。

4） 表示有选择，在一定条件下可以这样做的用词，采用“可”。

2 条文中指明应按其他有关标准执行的写法为“应符合……的规定”或“应按……执行。”

引用标准名录

1 《古建筑木结构维护与加固技术标准》GB/T 50165
2 《建筑外墙清洗维护技术规程》JGJ 168
3 《优秀历史建筑保护修缮技术规程》DG/TJ 08—108

上海市工程建设规范

优秀历史建筑外墙修缮技术标准

DG/TJ 08—2413—2023
J 16775—2023

条 文 说 明

2023　上海

目　次

Contents

1 总 则

1.0.1 本标准所涉及的外墙修缮包含外墙饰面及饰面基层的修缮;除清水砖墙外,外墙本体结构的修缮不包含在本标准内。

1.0.2 根据《上海市历史风貌区和优秀历史建筑保护条例(2019 修正)》第三章第二十三条,需要保留的历史建筑具有一定建成历史,能够反映历史风貌、地方特色,对整体历史风貌特征形成具有价值和意义。其他建筑的外墙修缮在相同的技术条件下,可参照本标准。

2 术 语

2.0.1 根据《上海市历史风貌区和优秀历史建筑保护条例（2019 修正）》第二章第十条，定义优秀历史建筑。

2.0.2 本标准涉及的外墙饰面仅针对饰面材料本身及饰面基层，不包含除清水墙外的外墙结构本体、门窗、阳台结构本体、店招、泛光照明等部位的修缮。

2.0.10 卵石粒径一般大于 4.75 mm。

3 基本规定

3.0.2 真实性、完整性是指在不改变建筑风貌的前提下，对现状外墙破损进行必要的修缮，对后期添加的对风貌有影响的管线等进行整治，最大程度恢复建筑风貌；最小干预是指在保证历史建筑安全和合理利用的前提下，采用最低程度干预，避免过度干预造成的破坏；可识别性是指外墙修缮工程中使用的材料，应在协调历史环境的同时在设计、工艺和施工方法等方面体现合理性、可读性和当代性。

3.0.3 优秀历史建筑外墙存在的各类损伤应及时修缮，防止高空坠落，消除安全隐患，达到继续使用的基本要求。外墙修缮应尽量恢复其历史风貌。

3.0.4 当优秀历史建筑外墙饰面或墙体突发严重危险，由于时间、技术、经费等条件的限制，不能进行彻底修缮时，应对外墙采取具有可逆性的临时抢险加固措施。

3.0.5 外墙修缮虽然应尽量采用"原材料、原工艺"，但在部分材料已不符合现行规范的前提下，可使用新材料替换，但新材料应与历史材料之间经科学及实践验证存在物理化学兼容性，同时应制作实样并经有关部门同意。对于饰面的无损检测等，也鼓励使用新工具和设备，提高效率。

3.0.6 外墙检查（检测）周期一般以 3 年～5 年为宜，具体应根据建筑本身情况进行合理规划。

4 材料和工具

4.1 一般规定

4.1.1 本条所指的材料基本性能是指材料的物理、化学、力学性能及材料组分。对于有些材料配比复杂，无法确定其准确成分的，可在制作小样前先委托相关单位对材料进行基本性能分析。

4.1.2 修缮材料与原材料之间应在物理、化学和力学等性能方面匹配。当外墙修缮所用的原材料不符合现行环保要求或相关政府部门已明令淘汰使用时，为了维持建筑的原貌，可通过论证及专家评审的方式，确定材料的使用。

4.1.3 外墙修缮所使用的材料应在制作小样或现场实样并经设计确认进行封样后，才可大面积开始使用。

4.2 材 料

4.2.1 采用低碱水泥可以降低水泥基层开裂的概率，在修缮时也可以减少墙面泛碱的情况，水泥强度不宜高于原材料，颜色可通过混合不同颜色的水泥、添加石灰机无机颜料等方式达到效果。

4.2.3～4.2.6 修缮所使用的材料原则上应尽量满足使用原材料的要求。若必须采用新材料制作，则应尽量与原材料的级配、形式、尺寸、材质、颜色等参数保持相近。

4.2.7 修缮裂缝或孔洞材料可采用石粉、无机胶粘剂、江米汁等材料。

4.3 工　具

4.3.1 测量工具准确度直接影响后续的施工质量，特别是电子类测量工具，应格外注意，并定期对其校准。

4.3.4 优秀历史建筑往往在经历多次修缮后，采用的水泥等嵌缝材料强度已远远大于最初施工的原嵌缝材料，若只采用人工方式开缝，施工难度较大，因此可采用限位工具辅助后，用电动工具进行切割开缝、表面打磨剥离等处理，或者开发专用的修缮工具，但均不得破坏原有砖墙面。

4.3.2～4.3.7 木蟹即木抹子。外墙修缮应使用专用工具，以确保外墙修缮的质量。

5 检测与评估

5.1 一般规定

5.1.2 优秀历史建筑外墙多为重点保护部位，检测实施应符合保护要求，必要时可辅以少量的破损检测和实地取样进行校核。

5.1.3 外墙检测可能会受到历史建筑保护要求及现场环境条件限制，不具备详细检测的条件（如重点保护外墙的基层及构造措施的破损式调查、材料强度室内破坏试验测试等），后续应综合保护要求、设计、施工及外墙安全等因素采取针对性补充检测措施；若局部检测不完善或检测漏项，也应按要求补充检测工作。

5.2 现场检测与调查

5.2.7 不同外墙饰面系统具体病害、检测指标要求和检测手段可参考表 5.2.7 执行。表 5.2.7 依据现行上海市工程建设规范《优秀历史建筑保护修缮技术规程》DG/TJ 08—108 的有关规定编写。当采用新型检测方法对优秀历史建筑外墙饰面进行检测时，应先进行专项试验研究，验证其可行性。

5.2.9 外墙饰面的化学组分、物理及力学性能详细检测技术指标及要求可参考表 5.2.9 执行，在检测时可根据外墙的损伤情况及设计要求选择相应的技术指标。表 5.2.9 依据现行上海市工程建设规范《优秀历史建筑保护修缮技术规程》DG/TJ 08—108 的有关规定编写。若检测工作会破坏外墙重点保护部位，应暂时延缓检测工作，经各方论证后确定后续检测方案。

5.3 检测分析与评估

5.3.1 外墙饰面安全性的可靠度较低，外墙饰面等级划分需要工程师根据现场检测结果及经验去综合判定，单一用数据及指标去衡量会有较大偏差，外墙饰面现状评估等级划定指标可按表 1 建议参照实施。

表 1 外墙饰面现状评估等级划定指标建议

外墙饰面	完损等级	损伤程度
面砖和石材外墙	基本完好	面砖或石材与外墙间粘结或连接安全可靠，整体无明显损伤状况
	一般损坏	1. 面砖表面有细微裂缝，但粘结牢固、无空鼓起壳； 2. 石材外墙表面有少量裂缝但不向内延伸，石材与外墙基本连接可靠
	局部严重损坏	面砖或石材局部存在贯穿性开裂、饰面空鼓，但影响安全性受损范围不大于 15%
	严重损坏	面砖或石材贯穿性开裂或空鼓较普遍，影响安全性受损范围大于 15%
水泥抹灰外墙	基本完好	抹灰墙面无明显开裂、空鼓等损伤，饰面粘结安全可靠
	一般损坏	表层有龟裂，但基本无贯穿性裂缝，饰面无明显空鼓现象且粘结牢固
	局部严重损坏	墙面局部存在贯穿性开裂、饰面空鼓，但影响安全性受损范围不大于 15%
	严重损坏	墙面贯穿性开裂或空鼓较普遍，影响安全性受损范围大于 15%
清水砖墙	基本完好	砖墙无明显开裂、缺损、风化等损伤
	一般损坏	砖墙个别位置开裂且裂缝宽度不大于 1.0 mm，缺损、风化深度不大于墙厚的 5%

续表1

外墙饰面	完损等级	损伤程度
清水砖墙	局部严重损坏	砖墙局部贯穿性开裂大于1.0 mm,风化深度大于墙厚的5%,但影响安全性受损范围不大于15%
	重度损伤	砖墙多处贯穿性开裂大于1.0 mm,风化深度大于墙厚的5%,影响安全性受损范围大于15%
木构件	完损等级划分应符合现行国家标准《古建筑木结构维护与加固技术标准》GB/T 50165 的有关规定	

注:受损范围为检测单元饰面损伤面积与总面积的比值。

6　修缮设计

6.1　一般规定

6.1.2　优秀历史建筑外墙修缮目标可按本标准第6.1.7条的规定确定。修缮设计应对清洗、修缮、卸解等措施方法提出明确的技术要求，应对修缮施工提供明确的指导性意见。

6.1.3～6.1.5　优秀历史建筑外墙修缮设计应建立在对其价值准确认知、评估及对其现状全面了解、剖析的基础上。对优秀历史建筑的外墙进行价值评估与现状完损性评估，目的在于能正确、客观地确定修缮目标及选择具体的修缮技术措施。当部分现场工作在修缮设计阶段不具备条件时，设计单位应在修缮施工阶段现场具备条件时补充现状考证、核查工作。

6.1.6　优秀历史建筑原有各立面原则上都不得改变。除优秀历史建筑修缮工程保护要求告知单提出的重点保护部位外，其他能体现历史建筑价值的部分同样应予以保护。

6.1.7　现状保留、现状修复及原状恢复是根据干预程度不同对修缮目标的分类。完全恢复初始建成的原状不是必然、唯一的修缮目标。对于不同的修缮部位可确定不同的修缮目标。现状修复中所提及的现状，可能是历史原状，也可能是经后期修缮后某一有价值的特定状态，修缮设计需结合实际情况及价值评估，确定最终修缮目标。

6.1.8　外墙修缮设计文件应符合现行上海市工程建设规范《优秀历史建筑保护修缮技术规程》DG/TJ 08—108等相关规范对设计文件的规定。现状完损情况说明，宜结合现状照片进行标识，并附立面现状破损分析图；修缮技术措施应明确修缮目标、拟用材料、技术参数、修缮方法、质量控制等要求；设计文件尚应包含必要的构造节点详图，因优秀历史建筑外墙修缮的特殊性，部分设计内容应结合节点详图的形式描述，各设计阶段节点详图的表述深度可有所不同。

6.2 设计原则与设计要求

6.2.1 对外墙局部进行修缮施工时，常因操作不当，对修缮部位周边原本完好的外墙造成损伤，故应尤为重视，并采取一定的保护措施。

6.2.4 在优秀历史建筑外墙修缮的过程中，存在部分金属、花饰等保护构件因需要采取特殊的修缮方式或需要对其基层、连接构件进行修缮而不得不临时卸解的情况，对于这类保护部位的卸解方式应更温和，不得对其造成破坏。

6.2.5 保护构件卸解前，应记录构件的类别、数量、原始位置等信息，并做好影像记录及测绘工作，确保其能原物、原位还原。保护构件的临时存放同样应确保其安全、完整。

6.2.7 外墙清洗是优秀历史建筑外墙修缮中的一个重要环节。不当的清洗方法往往容易对外墙造成不可逆的损伤。优秀历史建筑的外墙类型多样，不同材料对于温度、酸碱度、压力等存在不同的敏感度，不同部位对清洗的要求也不同。因此，在选择清洗方法之前应对清洗对象进行调研，了解不同外墙饰面及后期覆盖物的不同特性；同时，应评估清洗方式对墙体可能造成的短期及长期影响，提出安全、有效、温和的清洗方案，并要求施工单位先小量清洗，确认效果后方可大面积展开。优秀历史建筑外墙修缮设计应提出必要的环保要求，避免外墙清洗过程中的二次污染。

6.2.8 设计单位应提出相应要求，避免施工单位过度清洗。

6.2.9 优秀历史建筑外墙上，常存有一些历史时期的标语、招贴画、海报、与重要历史人物有关的历史印迹以及具有一定价值的涂鸦等印迹或覆盖物。对于这些内容,修缮设计应先评估其价值,确认不具有保护价值后,方可予以清洗。

6.2.11 修缮设计应根据不同的损伤类型,分析其成因,并提出针对性的措施。其中,因历史建筑年久失修,外墙饰面空鼓是外墙最为常见的安全隐患之一,容易造成外墙材质脱落等安全事故,应尤为重视。

6.2.12 修缮拟用材料包含主要材料、辅助材料和砌筑材料。

6.2.15 修缮设计应调查外墙装饰构件与主体的连接方式和安全状况。应采用有效措施去除其存在的安全隐患或可能导致其损伤的外在因素,并采用必要的加强或防护技术手段,对其实施有效保护。

6.2.17 修缮设计可采取成熟、可靠的措施提高原外墙面构造或材料的强度、安全性、耐久性,但不应改变外墙饰面的材料及观感。

6.2.19 为确保清洗效果以及避免清洗方式对外墙的不良影响,应先进行局部测试,可在建筑背面等隐蔽处确定测试点的位置,待确定清洗方法后再逐步扩大应用范围。如果预设了多种清洗方案,则在局部测试时应从影响和破坏力最小、最安全的方法开始实施。

6.3 设计技术要点

6.3.1, 6.3.2 采用不当的清洗方式和技术,可能会对历史建筑本体造成破坏。在对外墙采用化学清洗剂进行清洗时,清洗剂的酸碱值、浓度、盐成分不当等均有可能对原有外墙造成新的、永久性的损伤。外墙冲洗时应控制冲水压力,避免对饰面造成二次破坏,冲洗的压力应通过试验来确定。

6.3.3 本条参考上海市工程建设规范《优秀历史建筑保护修缮技术规程》DG/TJ 08—108—2014 第 6.4.3 条的规定,并结合实际工程经验总结。修缮时,应结合实际情况以及所确定的修缮目标和修缮效果,选择合适的修缮技术措施。本条中提及的修缮技术措施并不具唯一性,例如在实际工程操作过程中,也存在当墙面破损或风化深度大于 20 mm 时,因特定原因,采用老砖切片的方式进行修补的情况。

6.3.4 在过去对材料性能认知不足的情况下,曾经常采用水泥砂浆对清水砖墙勾缝修补,由于水泥强度、硬度高,而含有的盐分极易导致墙体的污染,甚至其含有的碱与旧砂浆中硫酸盐发生反应形成膨胀产物,导致嵌缝材料和砖石粉化。

6.3.5 以往的外墙修缮过程中,存在砂浆满批后划缝或满批砖粉的修缮方式,造成原有砖面覆盖,墙面观感太新,效果较差,并造成原有砖面的进一步破坏。应尽量保留原有砖面,保持清水砖墙的年代感与历史感。清水砖墙砌筑方式多样,修缮设计应明确墙面原有砌筑方式。

6.3.6 使用增强剂时,增强剂用量必须达到未风化层,因为少量使用会产生起壳等次生病害。

6.3.7 本条参考上海市工程建设规范《优秀历史建筑保护修缮技术规程》DG/TJ 08—108—2014 第 6.4.1 条的规定,并结合实际工程经验总结。修缮时,应结合实际情况,选择合适的修缮技术措施。本条中提及的修缮技术措施并不具唯一性。0.1 m^2 为工程经验值。

6.3.8 本条参考上海市工程建设规范《优秀历史建筑保护修缮技术规程》DG/TJ 08—108—2014 第 6.4.1 条的规定,并结合实际工程经验总结。修缮时,应结合实际情况,选择合适的修缮技术措施。本条中提及的修缮技术措施并不具唯一性。

6.3.9 本条参考上海市工程建设规范《优秀历史建筑保护修缮技术规程》DG/TJ 08—108—2014 第 6.4.2 条的规定,并结合实际工程经验总结。本条中抹灰外墙包括卵石、水刷石等石碴类墙面及其他干、湿作业法施工的墙面,如斩假石外墙、水泥抹灰外墙等。修缮时，应结合实际情况，选择合适的修缮技术措施。本条中提及的修缮技术措施并不具唯一性。0.1 m^2 与 0.3 mm 为工程经验值。檐口、阳台等挑空部位，一旦发生起壳或空鼓情况，外墙饰面极易受重力影响发生坠落情况，具严重安全隐患，不应以 0.1 m^2 作为修缮依据，应及时予以修缮，排除隐患。

6.3.10 水泥抹灰外墙的类型包含拉毛、压毛、刮毛等。

6.3.14 花饰与线脚饰面发生严重损伤时，可根据花饰与线脚的形制进行放样，按照原样进行修补，此类方法一般用于灰浆材质花饰与线脚。此外，按原工艺修缮确有困难时，也可以根据花饰与线脚的形制进行翻模预制，再进行整体安装，此类方法可以用于石材花饰的修复。

7 修缮施工

7.1 一般规定

7.1.2 外墙的查勘需进行定量、定性检测，必要时采用仪器、工具作探查、取样，并形成反映外墙残损情况的图纸、照片和文字资料。

7.1.3，7.1.4 外墙修缮原则上应按照设计及“原式样、原材质、原工艺”的要求，施工前制作样板，经设计和专家确认后，进行大面积施工。

7.1.5 修缮前期可能因为登高设施等原因无法对外墙进行详细勘查。当现场具备复核和补充查勘条件时，施工单位一旦发现有与设计方案不符的情况，应及时通知设计单位，必要时调整方案。

7.1.8 外墙废弃的外露铁件可先切除外露部分，再用套筒式钻头切割后取出铁件，切勿用钢凿等工具强行取出。

7.2 清水砖墙

7.2.1 当砖缝在之前的修缮中被改为水泥砂浆砖缝时，采用人工方法清理较为困难，可采用砖缝清理专用工具，但应使用靠尺等工具对砖缝进行限位，避免破坏砖墙面。人工清理应采用专用的开刀，清理深度不小于 8 mm 或凿至原始砌筑砂浆层。

7.2.2 处理清水墙泛碱前，宜用排盐灰浆先把砖块本身的盐分降低。

7.2.3 由于优秀历史建筑建成年代比较久远，清水砖墙本身的强度可能无法满足现行规范的要求，因此在修缮前宜先检测砖体强度，若强度不满足要求，则需进行增强处理。渗透增强一般在砖石外墙进行清理清洗后、修补前进行，养护后再进行其他保护措施。增强可采用流涂、浸涂、喷淋、注射等工艺。在施工时间上，应选择干燥温和的气候条件。为了避免增强剂的表层浓度过高导致颜色变化，在施工结束后，应立即用无水酒精洗刷表面。

7.2.8 替换的砖块应先在底面及两个侧面上灰浆，待砖块镶入墙体后，再用泥刀填入顶面灰浆，并确保嵌入砖块四周灰浆密实。

7.2.10 清水砖墙常见的面缝有凹平缝、凹圆缝、凸圆缝（元宝缝）、斜凹缝几种形式。首先应根据原有砌体灰缝确定勾缝类型，然后剔除损坏的灰缝，出清浮灰。修缮时，宜按照原材料和嵌缝形式进行修补。对于已经粉碎、开裂、剥落及侵蚀的灰缝，应进行重新勾缝处理。

7.2.11 清水砖墙面勾缝应做到横平竖直，深浅一致，十字缝搭接平整，压实、压光，不得有遗漏、断头缝、高低缝。

7.3 面砖外墙

7.3.1 面砖基层通常有软、硬底脚两种不同形式。硬底脚为水泥砂浆抹灰的俗称，软底脚为掺石灰膏砂浆的俗称。当面砖基层采用软底脚粉刷有空鼓现象时，应确定起壳原因，一般有大面积空鼓现象时是因为基层采用了软底脚所致，并非真的空鼓。

7.3.2 螺栓可采用不锈钢螺栓、尼龙螺栓等。螺栓孔的位置及布点原则，应视面砖的尺寸在砖缝处错开成梅花形布孔，孔距一般宜控制在 250 mm～350 mm。用电钻钻孔，孔径宜比选定的螺栓直径大 2 mm～4 mm，并应稍向下倾斜，进入墙体不应小于 30 mm（当墙体为空心砖砌块时，可选用高触变性植筋胶，从而使植筋胶和螺栓形成一个牢固可靠的环状修复体）。上述为一般情况做法，实际插入螺栓的直径长度和数量，应根据布点数的多少和面砖结合层、底层的厚度计算而定。

7.4 卵石外墙

7.4.1 基层分为软底脚和硬底脚，软底脚和硬底脚可参照条文说明第7.3.1条。

7.4.2 卵石外墙传统工艺采用甩卵石的干粘法较多，对于卵石粒径较小不易采用抛甩工艺的，可采用类似水刷石的水洗工艺，把卵石洗出墙面。若卵石个别掉落或掉落面积不大，可采用网格布粘贴法，进行局部补缺。

7.4.4 卵石墙面的切割区域宜采用不规则边界，这样可以弱化修缮后交界处的突兀感。

7.4.5 甩卵石时应掌握好力度，不可硬砸、硬甩，应用力均匀。

7.5 斩假石外墙

7.5.1 斩假石凿除应尽量避免在正墙面上留缝。

7.5.5 斩剁时应用力均匀，移动速度一致，不得出现漏剁。

7.6 水刷石外墙

7.6.1 水刷石凿除应尽量避免在正墙面上留缝。

7.6.4 在水洗面层时，一般清洗至石子外露50％为宜。

7.6.5 水刷石冲洗时会产生大量的泥浆水，施工时可用水浇湿下方原水刷石面层，以免冲洗的水泥浆水下挂粘在原面层上，或在修缮区域周围铺设塑料薄膜等材料保护原墙面，并在下方设置引水槽，避免脏水乱流。

7.7 石材外墙

7.7.1 敷贴法是利用纤维、粉末或胶体等吸附材料渗透石材空隙清洗石材饰面；敷贴浆状材料中可添加弱酸、弱碱或活性盐，提升清洁的效果。敷贴一般用于石材表面吸附脱盐和石材面层深层次污染清洗。清洗前，应先检测石材饰面污染成分，再通过小样比选确定最佳敷贴材料和方法，并根据污染程度不同，制定相对应的饰面清洗深度，确保清洗后的效果整体协调一致。

7.7.2 化学清洗前一般需通过试验确定清洗所用的化学洗涤剂成分。常用化学清洗方法有：局部碱性污染用微酸性洗涤剂清洗；局部酸性污染，用微碱性洗涤剂清洗；一般污染，用中性洗涤剂清洗。

7.7.3 采用红外热像法或人工敲击法检测石材基层空鼓时，应进行基层修缮。注浆孔容易损坏石材饰面，同时也影响修缮效果，为了保证修缮后的整体效果，修缮孔建议设置在石材接缝处，注浆完成后，利用同色石屑进行修补，不影响整体美观。

7.7.4 石材缺损包括孔、洞修复和设计要求的缺棱掉角修补；修补时，应采用同质的石粉并拌有无机粘合剂材料。

7.7.5 石材破损严重、松动脱落或无法使用时，可考虑石材换补修缮。换补的石材，其材质、色泽、纹理、尺寸应与原石材材料基本一致，石材选用前应先征得设计同意。若单块石材面积或体积较大，应再增加连接措施，比如植筋，植筋的数量应通过试验或计算确定。

7.7.6 石材拼缝修补时，应尽量与原来的材料一致，可选用石膏基材料添加精细骨料和助剂配制而成。

7.8 水泥抹灰外墙

7.8.1 对损伤部位进行铲除重抹，凿除损坏面时，应选择好铲除方法，控制好铲除区域，防止过度破坏完整饰面；凿除面建议设计成齿状，便于新旧饰面的搭接和粘结性。

7.8.2，7.8.3 抹灰墙面铲除重抹时，应做好基层面的清洁整理工作，同时修缮时应做好分层抹灰以及抹灰厚度，确保修缮后与原墙面基本一致。

7.8.4 面层局部修补时，应控制好接缝的平整度，接缝的位置应考虑设置在不影响整体效果的地方。

7.8.5～7.8.7 拉毛、压毛、刮毛抹灰修缮，修复的用料、工艺以及修缮质量、装饰效果应与原墙面一致。

7.9 木构件

7.9.2 木构件发生本条所述破坏现象时，应进行修缮。修缮中应加强特色构件的保护，不得擅自改变其构造、样式和结构体系。

7.9.3 木构件易发生腐蚀、虫蛀、火灾等隐患，木构件配套铁件容易发生锈蚀。因此，修缮后应做好木构件防护措施。

7.9.4～7.9.6 木构件饰面层发生条文所述的损坏时，应进行修缮。修缮材料应合理选用，与原材料基本一致，不得与木材发生有害化学反应，不得使用含铅的油漆等对环境有污染的材料。

7.10 花饰与线脚

7.10.1 本节所说的花饰与线脚是指通过现场扯制或预制安装的、具有一定装饰效果的构件。

7.10.2 花饰与线脚损坏修缮时，根据材质选用相对应的材料，磨成粉状，配置相应修补材料进行破损修缮，可参考本标准第7.2～7.9节中不同材料饰面的修复方法。例如，砖雕饰面破损可采用砖粉进行修补。

7.10.3 花饰与线脚饰面纹理修补时不得发生涂塌现象，形制大小、颜色光泽应保持原有风格。

7.10.4 预制花饰与线脚饰面安装时，应与原立面设置可靠的连接件，例如拉结筋、植筋等，确保预制饰面的稳定性；同时连接件不得损坏原外立面，不得发生外墙渗漏、破损等现象。

8 验 收

8.1 一般规定

8.1.1 设计要求包括材料的品种、标号、颜色、规格、质量和砂浆的配比等参数指标、节点构造大样及其他特殊要求。

8.1.2 验收人员应包含设计、专家和主管部门。符合性验收包括是否符合原设计方案、设计过程中的调整、施工组织设计内容、批准的小样、感观等要求。若施工内容仅涉及外立面修缮，且验收资料齐全的情况下，两次验收可以合并为一次验收。

8.1.3 验收文件包括修缮产品的出厂合格证，设计、监理、施工的验收记录等。

8.10 花饰与线脚

8.10.1～8.10.3 砖雕、木雕、泥塑、灰塑、石雕等材质的主控项目与一般项目在前文中已经描述过，这里仅针对雕饰构件进行论述。